토마토가 다한 요리

셰프만 알고 있는 토마토 비밀 레시피33

Only Tomato

* 토마토가 다한 요리 *

김봉경 지음

이덴슬리벨

목차

✻

Part
2

우리 집 식탁 필수 아이템

달콤한 토마토청만 있으면 뚝딱 만들 수 있는 요리

향긋한 선드라이 토마토만 있으면 뚝딱 만들 수 있는 요리

한 가지로 충분한 토마토 브런치

한 가지로 충분한 토마토 반찬

프롤로그

먹을수록 건강하고 젊어지는 토마토

토마토 하면 '건강한 식재료, 몸에 좋은 채소'라는 생각이 가장 먼저 떠오른다. 그래서 토마토를 자주 먹으려고 하지만 어떻게 먹어야 할지 방법을 잘 알지 못한다. 주스로 갈아서 먹을까? 샐러드를 만들어 먹을까? 이 정도가 고작이다. 토마토는 정말 다양한 요리에 접목할 수 있는 좋은 재료다. 토마토를 활용한 요리는 그야말로 무궁무진하다.

우선 토마토로 만든 소스가 들어간 음식은 우리 주위에서도 손쉽게 찾아볼 수 있다. 토마토케첩, 파스타, 피자, 라자냐 등 알고 보면 우리는 여러 가지 요리를 통해 토마토를 자주 섭취하고 있다. 건강을 챙기면서 음식의 맛도 높여 주는 매력적인 재료가 바로 토마토다.

토마토가 과일인지 채소인지 헷갈리는 사람이 많다. 토마토는 식물학적으로 보면 덩굴 식물의 열매이므로 과일이고, 요리에서 채소의 역할을 하기도 한다. 그래서 토마토는 과채류라고 불린다. 즉 열매채소라는 뜻이다.

토마토의 빨간색은 토마토에 들어 있는 붉은 색소 라이코펜 때문이다. 요즘에는 여러 색깔의 토마토가 재배되는데 이는 토마토가 각기 다른 색소를 가지고 있어서 색이 다르게 나타난다. 즉 노란색의 토마토는 라이코펜보다 카로틴이 많아서 노란색을 띠는 것이다.

토마토의 라이코펜은 18~23℃ 온도에서 가장 잘 만들어진다. 16℃ 이하로 떨어지거나 30℃ 이상으로 올라가면 라이코펜보다는 카로틴이 더 많이 생성되어 붉은색보다는 노란색에 가까운 토마토로 자란다. 그리고 토마토는 햇빛의 영향을 많이 받는다. 여름 햇빛을 듬뿍 받아야 라이코펜 성분이 풍부하고, 맛과 향도 좋아진다. 하지만 지나치게 더운 곳보다는 비교적 서늘하면서 햇빛이 강한 곳에서 자란 토마토가 라이코펜이 가득해 예쁜 빨간 색으로 자랄 수 있다.

토마토의 종류는 전 세계적으로 5천 가지가 넘는다고 한다. 국내에서도 다양한 토마토가 재배되고 있다. 방울토마토, 대추방울토마토, 대저토마토, 찰토마토, 스테비아토마토, 흑토마토, 짭짤이토마토, 플럼토마토 등 다양한 토마토를 재배하고 있다.

우리나라에 처음 토마토가 들어온 시기는 정확히 알려지지 않았지만, 이수광이 지은《지봉유설》에 '남만시'로 기록되어 있는 것을 보면 저작 연대인 1614년 이전으로 추정된다. 토마토가 들어오긴 했지만 처음부터 요리에 활용하지는 못했던 것 같다. 1927년경부터 토마토가 보급되기 시작했고, 1960년대부터는 미국산 토마토 가공식품으로 인해 토마토 소비가 늘면서 전국적으로 재배하게 되었다. 방울토마토는 1980년대에 들어서면서 국내에서 재배되기 시작했다.

토마토 1개는 30칼로리 정도다. 한때 토마토는 열량이 낮다는 이유로 식품 가치가 무시되었지만, 현재는 오히려 그 점이 토마토의 매력이 되었다. 밥 한 공기는 300칼로리인데 토마토 10개를 먹는 것과 같다. 칼로리도 적지만 토마토에 들어 있는 구연산이 기분을 상쾌하게 해주는 청량 효과가 있어서 우울하거나 마음이 처질 때 먹으면 기분을 전환시킨다. 특히 더운 여름날 입맛이 없고 수분이 모자랄 때 먹으면 갈증 해소와 식욕을 돋게 한다. 토마토에는 글루타민산이 풍부하여 피로 회복에도 도움을 준다.

토마토는 95%가 수분이며, 탄수화물 2.9%, 단백질 0.9%, 지방 0.1%, 섬유소 0.4%, 회분 0.5% 등을 함유한다. 토마토에는 비타민 C, 비타민 B군, 나이아신, 바이오틴, 엽산 등 각종 비타민이 들어 있으며, 칼슘이나 조혈에 필요한 철분 등 무기질도 고루 갖추었다.

그래서 토마토 4개를 먹으면 비타민 A와 C의 하루 필요량을 섭취하고도 남는다. 토마토의 라이코펜 성분에는 뛰어난 항산화 효과가 있다. 잘 익은 빨간 토마토 1kg에는 30mg 정도의 라이코펜이 들어 있으며, 라이코펜은 열에 강하고, 쉽게 분해되는 성분이 아니기 때문에 농축시켜 만든 토마토소스, 케첩 등에도 많은 양이 들어 있다.

토마토를 많이 먹는 사람일수록 폐가 건강하다. 1주일에 토마토를 3개 이상 먹을 때 효과가 가장 큰데, 만성 기관지염에 걸릴 확률이 절반으로 줄어든다. 토마토에는 칼륨 성분도 많아서 고혈압에 좋은 역할을 한다. 칼륨은 체내의 염분을 몸 밖으로 배출하는 효과가 있다. 짜게 먹는 식습관을 가진 사람에게 특히 도움이 된다. 토마토에는 비타민 P의 일종인 루틴이라는 성분이 있는데, 이 루틴은 혈관을 튼튼하게 하고 혈압을 내리는 역할을 한다. 또한 라이코펜은 항산화 작용을 통해 혈액 중 콜레스테롤의 산화를 막아 동맥경화를 예방하는 효과가 있다.

토마토를 많이 먹는 사람은 암에 걸릴 확률이 낮다는 연구 결과도 있다, 이탈

리아에서는 1주일에 7번 이상 토마토를 먹는 사람이 거의 먹지 않는 사람에 비해 암 발병률이 50% 이상 낮다는 결과를 발표했다. 같은 이탈리아 내에서도 토마토를 많이 먹는 남부 이탈리아 쪽이 소화기계의 암 발병률이 낮다고 한다. 토마토를 먹는 사람이 암에 걸릴 확률이 낮은 것은 바로 라이코펜의 항암 작용 때문이다. 라이코펜은 열에 쉽게 파괴되지 않으며, 토마토를 익히거나 열을 가했을 때 오히려 흡수율이 2~3배까지 높아질 수 있다. 그리고 지용성이기 때문에 오일이나 견과류와 함께 섭취하면 흡수율을 더 높일 수 있다.

토마토의 감칠맛은 글루타민산이라는 성분에서 나온다. 글루타민산은 간장, 된장, 다시마 등에 많다. 빨갛게 잘 익은 토마토 100g에 글루타민산 300mg이 들어 있다. 이것은 토마토 하나만으로도 화학 조미료 같은 풍부한 맛을 낼 수 있다는 말이다.

평소 집에서 자주 해먹는 찌개, 닭볶음탕 같은 요리에 토마토 한두 개만 넣으면 색다른 맛의 요리를 만들 수 있다. 그 외에도 김치찌개나 김치찜, 카레, 김치를 만들 때도 토마토를 넣으면 더 맛있어진다. 김치찌개에 토마토를? 김치를 담글 때 토마토를? 의아할 수 있는데 한번 만들어 보면 시원하면서도 깊은 감칠맛을 느낄 수가 있다. 그리고 자작한 물김치를 만들 때 고춧가루 대신 토마토를 갈아서 넣으면 색도 예쁘고 시원한 국물도 맛볼 수 있다.

쿠킹클래스 강의를 하다 보면 많이 받는 질문 중 하나가 찌개나 매운 김치찜을 할 때 뭔가 1% 맛이 부족하다는 것이다. 이때 화학 조미료를 넣어야 식당에서 먹는 맛이 나는 것인지 묻는 사람이 많았다. 그리고 아이 엄마들은 카레 만들 때 더 맛있게 하는 방법이 없느냐고 물어보기도 했다. 그때마다 나는 팁으로 토마토를 1개 넣어보라고 답했다.

토마토 1개만 넣어도 찌개나 찜은 맛이 더 깊어지고 카레는 영양가가 높아지고 풍미가 진해진다. 요리라는 것은 어떤 재료를 넣느냐에 따라 맛과 향이 달라진다. 맛과 향에 감칠맛까지 더해진다면 단순한 요리도 근사한 한 끼로 바뀔 수 있다. 토마토야말로 그러한 근사함을 선사해 주는 재료가 아닐까.

토마토가 맛있는 계절은 여름에서 초가을 사이인 7~9월 사이다. 여름의 직사광선을 충분히 받고 자랐을 때 라이코펜과 글루타민산을 풍부하게 만들어낸다. 요즘은 사계절 내내 토마토가 나오지만 겨울에 비닐하우스에서 자란 토마토와 뜨거운 햇볕을 견디고 자란 여름 토마토의 맛은 비교할 수 없다.

보통 사람들은 맛있고 건강에 좋은 토마토를 '주스나 샐러드'로만 먹는 경우가 많다. 옛날 어른들은 토마토에 설탕을 뿌려서 먹기도 했지만, 최근에는 다양한 샐러드나 브런치에 많이 활용한다. 그런데 사실 토마토는 한식과 양식에 모두 잘 어울리는 식재료다. 토마토를 넣어서 맛있게 먹을 수 있는 요리가 정말 많은데 그게 잘 알려지지 않은 것 같다. 그래서 집에서도, 식당에서도 맛있고 건강하게 그리고 쉽고 간단하게 만들 수 있는 토마토 레시피를 한 권의 책에 담았다. 이 책을 통해서 사람들이 토마토 요리를 많이 만들어서 맛있게 먹기를 바라며…….

김봉경

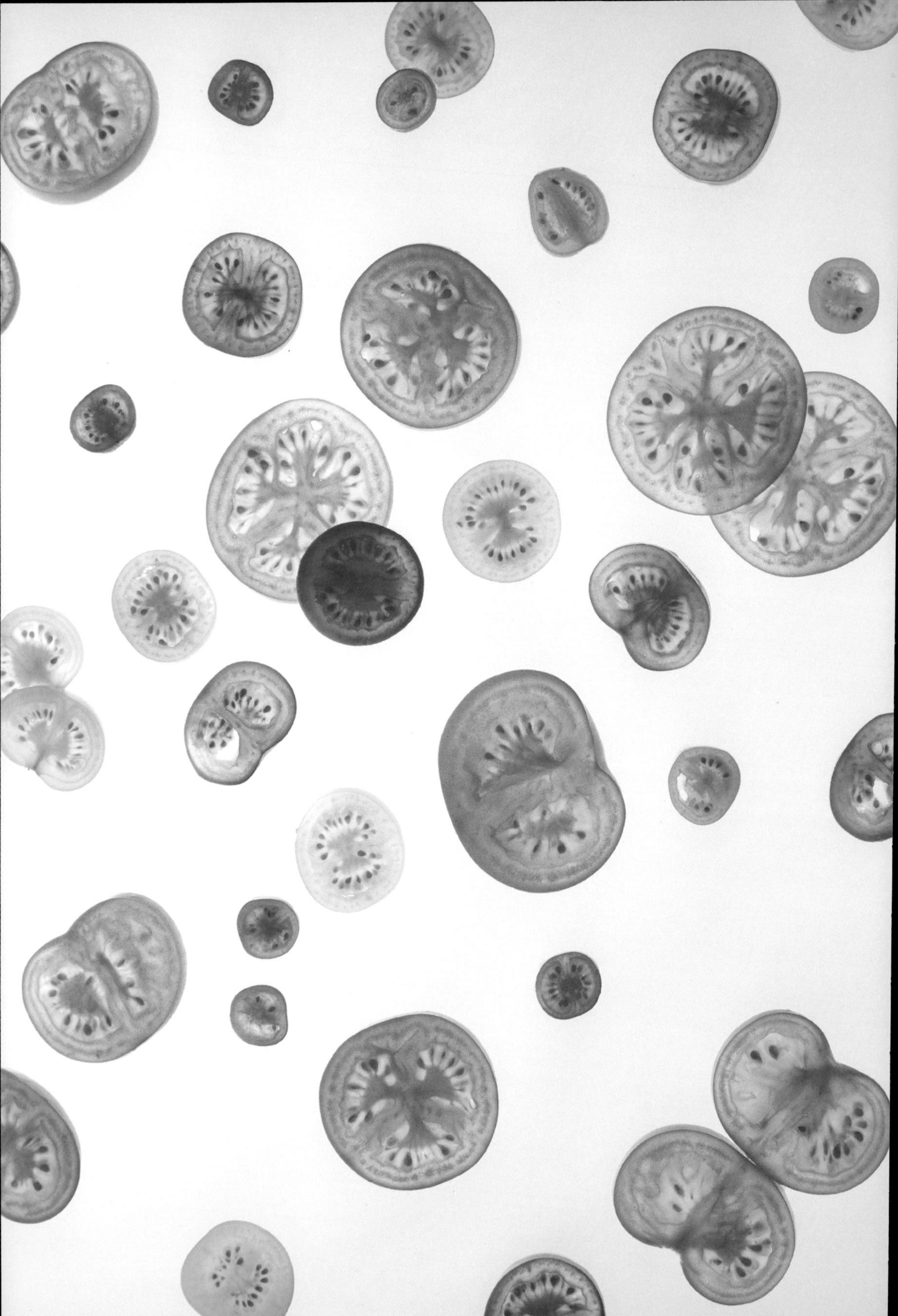

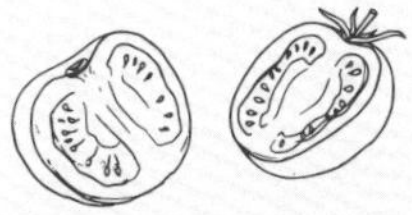

토마토를 먹기 전에 꼭 알아두면 좋은 것들

맛있는 토마토 고르는 법

1. 토마토는 둥근 원형 모양이 좋다.
2. 단단하며 무거운 것이 좋다.
3. 붉은빛이 짙고 선명하며 색이 전체적으로 균일한 것이 좋다.
4. 꼭지가 초록색을 띠고 시들지 않은 것이 좋다.
5. 표면에 윤기가 나는 것이 좋다.
6. 표면이 매끄럽고 쭈글쭈글하지 않으며 갈라짐이 없는 것이 좋다.
7. 잘랐을 때 과육이 부서지지 않고 두꺼운 것이 좋다.

토마토 보관법

토마토는 통풍이 잘되고 7~10℃의 선선한 장소에 보관하는 것이 좋다. 2~3일 내로 먹을 토마토라면 선선한 실온에 두고 먹어야 향과 맛이 더 좋다. 냉장고의 냉기가 향을 파괴하고 숙성 과정을 정지시키면서 맛과 향이 덜해지기 때문이다. 오래 두고 먹고 싶다면 냉장고의 채소 칸에 넣어 보관하는 것도 나쁘지 않다. 덜 익은 토마토라면 꼭 후숙으로 익힌 후 냉장 보관하는 것을 추천한다. 토마토가 너무 많다면, 끓는 물에 토마토를 넣어 살짝 데쳐 껍질을 벗긴 후 한 번에 먹을 만큼씩 담아 냉동 보관해 놓으면 토마토 주스, 토마토 요리를 할 때 편하게 사용할 수 있다.

토마토와 잘 어울리는 재료

토마토와 육류

토마토의 구연산이 육류의 느끼한 맛을 잡아 부드럽게 한다.

토마토와 양파

토마토와 양파를 같이 요리하면 피로 회복에 효과적이다. 당질과 비타민 B_1, 비타민 B_2, 비타민 C 그리고 각종 무기질을 충분히 섭취할 수 있다. 토마토의 구연산과 양파의 유화아릴 성분이 배합되어 피로를 신속히 해소해 준다. 혈관을 튼튼하게 하고 혈압을 조절하는 효능도 상승시킨다.

토마토와 부추

토마토와 부추를 같이 사용하면 자율신경이 자극되어 에너지 대사가 활발해지기 때문에 다이어트와 피부 미용에 도움을 준다. 소화에 좋고, 혈액순환이나 혈액을 맑게 해주는 청혈 작용을 한다. 그리고 찬 성질의 토마토와 더운 성질의 부추는 요리 궁합이 좋다.

토마토의 영양

토마토 성분은 구연산, 사과산, 호박산, 아미노산, 루틴, 단백질, 당질, 회분, 칼슘, 철, 인, 비타민 A, 비타민 B_1, 비타민 B_2, 비타민 C, 식이섬유 등 다양하다. 비타민 C의 경우 토마토 1개에 하루 섭취 권장량의 절반이 들어 있다. 그리고 토마토에는 라이코펜이 7~12mg 들어 있다.
토마토는 그냥 먹기보다 열을 가하여 먹으면 라이코펜이 토마토의 세포벽 밖으로 빠져나와 흡수율이 좋아진다. 토마토의 라이코펜과 지용성 비타민은 오일과 만났을 때 그 효과를 더 높게 볼 수 있다. 올리브오일에 마늘로 향을 낸 후 토마토를 넣고 푹 끓인 토마토소스는 맛은 물론 토마토의 좋은 성분을 몸에 더 많이 흡수시키는 방법이다.

계량

토마토 1개 - 200g 기준
1컵 - 200ml
1큰술 - 15ml
1작은술 - 5ml

육수 레시피

채소 육수

재료

물 4컵, 양파 1/2개, 대파 1/2대, 당근 1/6개, 월계수잎 1장, 통후추 4알, 자른 다시마 1장

만드는 법

- 양파, 당근은 0.3cm 두께로 썬 후 냄비에 모든 재료를 넣고 끓인다.
- 끓어오르면 5분 후에 다시마는 건져내고 중약불로 줄여 15분 더 끓여 완성한다.

멸치 육수

재료

물 5컵, 멸치 2/3컵, 양파 1/4개, 자른 다시마 2장

만드는 법

- 멸치는 내장을 빼낸다.
- 냄비에 멸치를 넣고 볶아 비린내를 날린 후 다른 재료를 넣고 센불에서 끓인다.
- 끓어오르면 5분 후에 다시마는 건지고, 중약불에서 10~15분 정도 끓여 완성한다.

part
1

우리 집 냉장고 필수 아이템

MATO SOUP

토마토소스

캔에 담긴 홀토마토가 아닌 완숙 토마토와 대추방울토마토, 양파, 마늘,
말린 바질, 말린 오레가노 등을 넣어 만든 토마토소스입니다.
집에서도 신선한 토마토로 맛있게 만들 수 있어요.

ingredient

완숙 토마토 5개(1kg)
대추방울토마토 1팩(500g)
마늘 5톨
양파 1 1/2개
월계수잎 2장
올리브오일 3큰술
설탕 1큰술
소금 1작은술
말린 바질 1/2작은술
말린 오레가노 1/2작은술
후추 약간

1 완숙 토마토는 열십자 모양으로 칼집을 내고, 방울토마토는 칼끝으로 콕콕 3~4군데 찌른 후 끓는 물에 10초 정도 데친다. 꺼내자마자 찬물에 담가 껍질을 벗긴다.

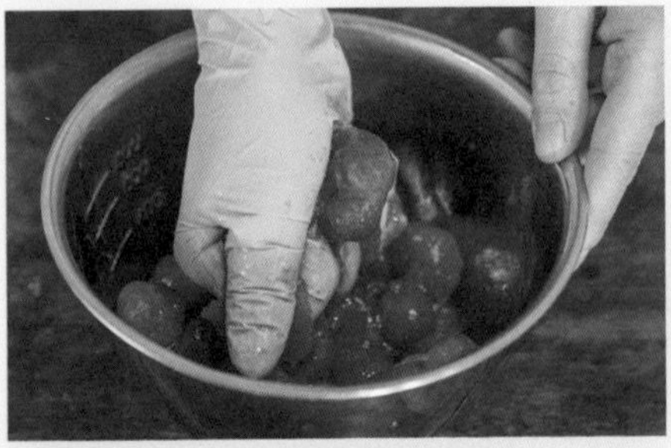

2 1)의 껍질 벗긴 완숙 토마토는 믹서에 넣어 곱게 갈고, 껍질 벗긴 방울토마토는 손으로 으깬다.

3 마늘은 칼등으로 으깨고, 양파는 굵게 다진다.

4 팬에 오일과 으깬 마늘을 넣고 향이 날 때까지 볶은 후 굵게 다진 양파를 넣고 연한 갈색빛이 날 때까지 볶는다.

tip

토마토소스를 끓일 때는 완숙 토마토만 사용해서 만들어도 맛있지만, 대추방울토마토를 같이 섞어서 만들면 맛이 더 좋아요. 일반 통조림 홀토마토에 쓰이는 플럼토마토는 씨가 적고 과육이 두껍고 단단하여 신맛보다는 토마토 특유의 단맛이 더 나요. 근래에는 한국에서도 플럼토마토를 찾아볼 수 있지만 토마토가 나는 제철에만 볼 수 있다는 단점이 있어요. 쉽게 구할 수 있는 완숙 토마토만으로 토마토소스를 만들어도 맛있지만 플럼토마토보다는 신맛이 조금 더 강해서 대추방울토마토를 같이 섞어서 만들었어요. 토마토소스의 맛을 한층 높여 줍니다.

5 4)의 팬에 2)의 토마토 갈아놓은 것과 으깬 방울토마토, 월계수잎, 설탕, 소금, 말린 오레가노와 바질을 넣고 중약불에서 15~20분 정도 끓인 후 식힌다.

6 소독한 용기에 담아 냉장 보관한다.

보코치니 폴페테

다진 쇠고기, 다진 돼지고기, 그라나파다노 치즈 등을 넣어 만든 이탈리아 미트볼입니다.
토마토소스로 졸여낸 폴페테와 보코치니 치즈, 그 위에 올린 루꼴라와
바질페스토가 어우러져 입안을 즐겁게 하는 요리입니다.

ingredient

다진 쇠고기 300g
다진 돼지고기 150g
마늘 2톨
화이트 와인 2큰술
토마토소스 3컵
채소 육수 1/2컵
올리브오일 2큰술
소금 1/3작은술
설탕 1작은술
후추 약간
루꼴라 한 줌
보코치니 치즈 10개
바질페스토 2큰술
그라나파다노 치즈 약간

고기 반죽 양념

양파 1/2개
다진 마늘 1작은술
달걀 1/2개
화이트 와인 1큰술
빵가루 3 1/2큰술
소금 1/3작은술
그라나파다노 치즈 1작은술
후추 약간

1 양파를 굵게 다진 후 볼에 다진 쇠고기, 다진 돼지고기와 고기 반죽 양념을 모두 넣고 치대준 후 동그랗게 모양을 잡는다.

2 팬에 오일을 두른 후 마늘을 칼등으로 으깨어 넣고 노릇하게 볶는다. 마늘 향이 나면 마늘을 건져낸다.

3 2)에 동그랗게 빚은 폴페테를 넣고 앞뒤로 굴려가며 익힌다.

4 폴페테가 전체적으로 색이 변하면 화이트 와인 2큰술을 넣고 알코올 향을 살짝 날린 후 뚜껑을 닫아 약불에서 3분 정도 익힌다.

tip

고기 반죽은 잘 치댄 후에 동그랗게 모양을 잡아 주세요. 다진 쇠고기, 다진 돼지고기, 고기 반죽 양념을 넣고 반죽이 하나가 되도록 잘 치댄 후에 모양을 잡아야 동글동글한 폴페테가 흐트러지지 않아요.

5 4)에 토마토소스, 2)의 건져낸 볶은 마늘, 채소 육수, 소금, 설탕, 후추 약간을 넣고 소스가 졸아들 때까지 끓인다.

6 접시에 완성된 폴페테와 보코치니를 담은 후 루꼴라, 바질페스토, 그라나파다노 치즈를 뿌려 완성한다.

버섯 토마토소스와 구운 감자

버섯과 토마토소스 그리고 으깬 감자에 치즈를 넣어 모양낸 후 구운 요리입니다. 버섯과 토마토소스, 버터를 넣고 구운 감자는 근사한 한 끼 식사로 손색이 없어요. 모임이 있는 자리에 색다른 술안주로도 좋은 요리입니다.

ingredient

감자 1 1/2개(300g)
체다 치즈 2장
올리브오일 1큰술
버터 1작은술
그라나파다노 치즈 약간
타임 1줄기

감자 양념

우유 1/2~1큰술
소금 약간
후추 약간
감자전분 1~2큰술

버섯 토마토소스

올리브오일 1/2큰술
마늘 1톨
토마토소스 1 1/2컵
새송이버섯 1/3개
설탕 1/2작은술
페페론치노 3개
표고버섯가루 1/3작은술
소금 약간

1 감자는 깨끗이 씻어 껍질째 김이 오른 찜기에 올려 20분 정도 찌고, 버섯은 굵게 다진다. 마늘은 칼등을 이용해 으깨고, 체다 치즈는 6등분한다.

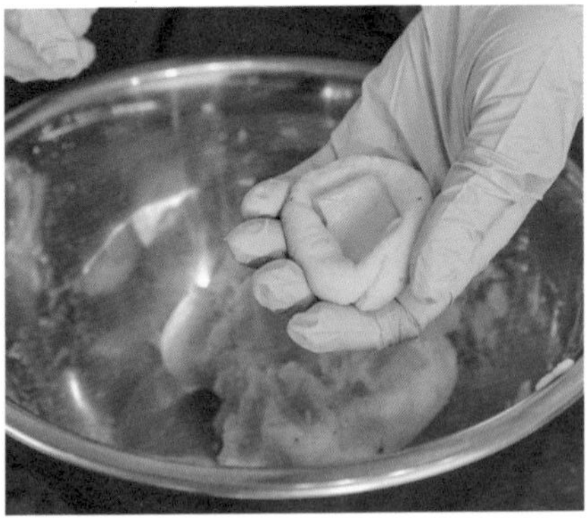

2 찐 감자의 껍질을 벗겨 으깬 후 감자 양념을 넣어 반죽한다. 감자를 동그랗게 모양낸 후 그 안에 1)의 체다 치즈를 넣어 감싼다.

3 달군 팬에 올리브오일 1큰술을 두른 후 2)의 치즈를 넣은 감자를 앞뒤로 노릇하게 굽고, 마지막 단계에 버터를 약간 넣어 구워 낸다.

tip

버섯 토마토소스와 부드럽게 구운 감자 요리의 핵심은 감자예요. 감자는 나오는 시기나 익히는 방법에 따라 수분이 다르기 때문에 감자 반죽을 할 때는 감자전분을 가감하면서 만드세요. 삶아도 되지만 껍질째 푹 쪄서 으깬 후 반죽하면 수분을 많이 흡수하지 않기 때문에 감자전분 양을 적당히 넣을 수 있어요. 감자전분을 적당히 넣어야 더 부드러운 감자 구이를 맛볼 수 있답니다.

4 팬에 올리브오일 1/2큰술을 두른 후 으깬 마늘을 넣어 노릇하게 볶다가 굵게 다진 새송이버섯을 넣어 노릇하게 볶는다. 토마토소스, 페페론치노, 표고버섯가루, 설탕, 소금을 넣고 끓여 소스를 완성한다.

5 접시 위에 버섯 토마토소스를 올린 후 그 위에 구운 감자, 타임, 그라나파다노 치즈를 얹어 낸다.

토마토 아란치니

토마토소스와 다양한 채소를 넣어 만든 토마토 아란치니입니다.
여러 가지 채소와 토마토소스가 들어가 씹는 맛과 깊은 맛이 나요. 곁들이는
요거트 치즈 소스는 새콤하면서도 부드러워 토마토 아란치니와 정말 잘 어울려요.

ingredient

밥 2공기
토마토소스 1/2컵
양파 1/4개
당근 1/6개
호박 1/6개
다진 마늘 1작은술
올리브오일 1/2큰술
소금 약간
후추 약간
밀가루 1/2컵
빵가루 1/2컵
달걀 1개
식용유 2컵
이태리 파슬리 1줄기

요거트 치즈 소스

플레인 요거트 1개
마스카포네 치즈 3큰술
꿀 1작은술
레몬즙 1작은술
소금 약간

1 양파, 당근, 호박은 곱게 다지고, 달걀은 볼에 잘 풀어 둔다.

2 팬에 오일을 두른 뒤 다진 마늘과 1)의 다진 채소, 소금, 후추를 약간 넣어 노릇하게 볶다가 토마토소스를 넣고 볶는다.

3 작은 볼에 요거트 치즈 소스 재료를 모두 넣고 고루 섞어 준다.

4 볼에 밥과 2)의 토마토소스, 소금을 넣고 주걱을 이용하여 가르듯이 섞어 한 김 식힌다.

tip

토마토 아란치니에 들어갈 밥을 양념할 때 토마토소스의 양을 적당히 넣어 주세요. 토마토소스를 너무 많이 넣으면 양념한 아란치니 밥이 질어져서 잘 뭉쳐지지 않을 수 있어요. 싱겁거나 더 깊은 맛을 내고 싶다면, 소금이나 그라나파다노 치즈를 조금 더 넣어 양념해 주세요.

5 4)의 토마토밥을 동그랗게 만든 뒤 밀가루, 달걀, 빵가루 순으로 묻혀 170℃로 달군 식용유에 넣어 노릇하게 튀긴다.

6 접시에 요거트 치즈 소스를 담고, 그 위에 토마토 아란치니, 이태리 파슬리, 후추를 조금만 뿌려 완성한다.

라구 소스 리가토니

다진 쇠고기, 당근, 셀러리, 토마토소스를 넣어 만든 라구 소스 리가토니입니다.
토마토소스만 있다면 파스타 면을 삶아 맛있게 만들 수 있어요.

ingredient

리가토니 130g
다진 쇠고기 150g
당근 1/6개
셀러리 10cm
마늘 1톨
화이트 와인 2큰술
올리브오일 2큰술
토마토소스 2 1/2컵
채소 육수 1/4컵
설탕 1작은술
소금 1/4작은술
후추 약간
그라나파다노 치즈 약간

고기 반죽 양념

다진 마늘 1작은술
화이트 와인 1큰술
소금 약간
후추 약간

파스타 삶는 물

물 1.5L
소금 1큰술

1 다진 쇠고기는 고기 양념을 넣고 버무린 후 15분 정도 재워 둔다.

2 셀러리는 섬유질을 제거한 후 굵게 다지고, 당근도 굵게 다진다. 마늘은 칼등을 이용하여 으깬다.

3 냄비에 파스타 삶을 물을 올려 끓어오르면 리가토니를 넣고 삶는다. 포장지에 쓰여 있는 시간보다 2분 덜 삶는다.

4 팬에 오일을 두르고 2)의 으깬 마늘을 넣어 노릇하게 볶은 후 다진 셀러리와 당근, 소금 약간을 넣고 볶다가 1)의 양념한 다진 쇠고기, 화이트 와인을 넣고 익을 때까지 볶는다.

tip

리가토니 파스타 면은 포장지에 적힌 시간보다 2분 정도 덜 삶아 주세요. 적혀 있는 시간대로 삶아서 소스와 버무려 조리하면 리가토니 면이 금방 불어서 라구 소스 리가토니의 맛있는 식감을 못 느낄 수도 있어요. 파스타는 소스도 중요하지만 파스타 면의 익힘 정도가 중요하니 포장지에 적힌 시간보다 덜 삶는 걸 꼭 기억해 주세요.

5 4)에 토마토소스, 채소 육수, 설탕, 소금, 후추를 넣고 끓어오르면 리가토니를 넣어 소스가 면에 묻어날 때까지 볶는다.

6 접시에 라구 소스 리가토니를 담고, 그 위에 그라나파다노 치즈를 뿌려 완성한다.

토마토 새우 덮밥

매콤하게 양념한 새우와 토마토소스를 넣어 만든 덮밥입니다. 새우는 그냥 먹어도 맛있지만, 매콤하게 양념하면 한국 사람 입맛에 잘 맞는 토마토 새우 덮밥이 돼요. 채소는 작게 잘라서 같이 볶아도 되지만, 큼직하게 썬 다음 구워서 올리면 채소의 맛과 색감까지 살릴 수 있어요.

ingredient

새우 16마리
어린 당근 2개
애호박 1/3개
맛타리버섯 한 줌
대파 10cm
마늘 2개
소금 2/3작은술
설탕 2작은술
새우가루 1작은술
올리브오일 2큰술
밥 2공기
토마토소스 2컵
채소 육수 1/2컵
소금 약간
후추 약간

새우 밑간

고춧가루 2/3큰술
간장 1작은술
올리고당 1작은술
다진 마늘 2/3큰술

1 새우는 물에 깨끗이 씻은 후 체에 밭쳐 물기를 뺀다. 새우에 밑간 재료를 넣고 버무린 후 10분 정도 간이 배도록 재운다.

2 마늘은 칼등으로 으깨고, 대파는 굵게 다진다. 애호박은 0.7cm 두께로 썰고, 어린 당근은 세로로 2등분, 맛타리버섯은 지저분한 밑동을 제거한다.

3 팬에 올리브오일 1큰술을 두른 후 2)의 으깬 마늘과 대파를 넣고 노릇하게 볶는다. 1)의 새우를 넣어 볶다가 토마토소스, 채소육수, 설탕, 소금, 새우가루를 넣고 볶는다.

tip

토마토 새우 덮밥에 들어가는 새우는 시간이 걸리더라도 밑간을 해서 재웠다가 요리해 주세요. 새우가 들어간 요리는 웬만하면 맛있지만, 밑간해서 잠깐이라도 재워뒀다가 조리하면 맛이 훨씬 좋아요. 고춧가루, 간장, 올리고당, 다진 마늘 등 간단한 양념 재료를 넣었지만 밥과 소스, 새우를 같이 먹었을 때 한층 더 깊은 토마토 새우 덮밥을 맛볼 수 있어요.

4 다른 팬에 올리브오일 1큰술을 두른 후 호박, 당근, 맛타리버섯을 노릇하게 굽는다. 이때 소금, 후추를 약간 뿌려서 굽는다.

5 접시에 밥을 담고, 새우 토마토소스와 구운 채소를 올려 낸다.

홀토마토

토마토를 데쳐 껍질을 벗긴 후 소금을 넣고 끓인 홀토마토입니다. 사계절 내내 토마토가 나오지만 뜨거운 햇빛을 받은 여름 제철 토마토가 훨씬 맛이 좋아요. 맛있는 토마토를 저장하고 싶을 때나 토마토가 남아 어떻게 해야 할지 모를 때 만들어 두면 좋은 홀토마토입니다. 레시피대로 만든다면 2주 이상은 보관할 수 있어요.

ingredient

완숙 토마토 5개(1kg)
방울토마토 2컵(200g)
물 4컵

소금물

물 1컵
소금 1큰술

1 완숙 토마토는 열십자 모양으로 칼집을 내고, 방울토마토는 칼끝으로 콕콕 3~4군데 찌른 후 끓는 물에 10초 정도 데친다. 꺼내자마자 찬물에 담가 껍질을 벗겨 냄비에 담는다.

2 볼에 물 1컵과 소금 1큰술을 넣어 소금이 녹을 때까지 젓는다.

3 껍질 벗긴 토마토를 담은 냄비에 2)의 소금물, 물 4컵을 부은 후 중불에서 8~10분 정도 끓인다(이때 토마토가 너무 물러지지 않게 끓인다).

tip

홀토마토를 만들 때는 병을 꼭 열탕 소독해 주세요. 오래 보관하기 위해서 만드는 홀토마토는 기본 용기가 깨끗해야 조금 더 안전하게 오래 보관할 수 있어요.
열탕 소독하기 힘든 용기라면 도수가 높은 소주로 용기를 꼭 소독한 후 홀토마토를 넣어서 보관해 주세요.
맛있는 홀토마토를 조금 더 오래 보관하고 싶다면 소금을 조금 더 넣어서 만들면 돼요.

4 열탕 소독한 유리병에 3)의 홀토마토와 끓인 물을 넣어준 후 뚜껑을 느슨하게 닫는다.

5 냄비에 4)의 홀토마토 넣은 병을 넣고 물이 70% 정도 잠기게 부은 후 10분 정도 끓인다. 10분 후 병을 꺼내 뚜껑을 꽉 닫고 뒤집어서 식힌다.

6 완전히 식으면 냉장고에 넣어 보관한다.

토마토 매콤 닭다리살 구이

홀토마토와 닭다리살, 매콤한 양념을 넣어 만든 토마토 매콤 소스 닭다리살 구이입니다.
매콤한 양념에만 재워 구워도 맛있지만, 홀토마토 1개를 넣어 졸이듯이 구우면
매콤달콤, 살짝 새콤한 이색적인 맛을 느낄 수 있어요.

ingredient

닭다리살 3쪽(300g)
홀토마토 1개(200g)
양파 1/3개
올리브오일 1큰술
송송 썬 쪽파 약간

양념

고춧가루 1큰술
다진 마늘 1큰술
맛술 1큰술
간장 2/3큰술
고추장 1큰술
올리고당 2큰술
후추 약간

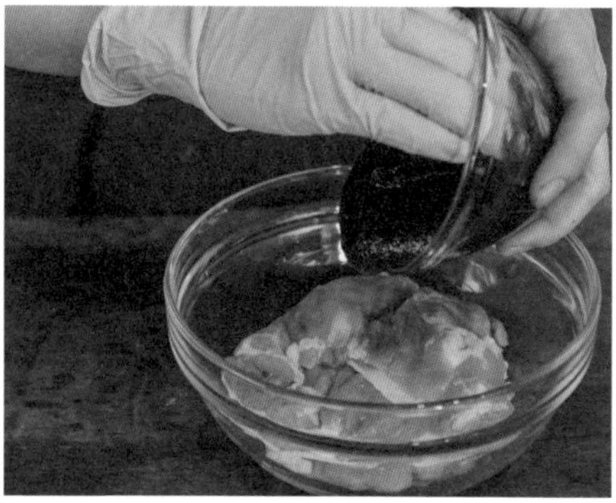

1 양파는 0.3cm 두께로 얇게 채 썬 다음 찬물에 10분 정도 담갔다가 체에 밭쳐 물기를 뺀다.

2 닭다리살의 두꺼운 부분은 칼로 저민 후 칼끝으로 콕콕 찔러 칼집을 낸다.

3 볼에 양념 재료를 넣고 섞은 후 2)의 닭다리살을 넣고 조물조물 버무려 20분 정도 재운다.

4 팬에 오일을 두른 후 3)의 양념한 닭다리살을 앞뒤로 노릇하게 굽는다.

tip

양념한 닭다리살 구이는 익기도 전에 쉽게 타버릴 수 있어요. 너무 센 불이 아닌 중약불에서 앞뒤를 노릇하게 잘 익힌 후 홀토마토 1개를 으깨어 넣고 졸여주듯 구우면 잘 익을뿐더러 더 맛있게 만들 수 있답니다.

5 닭다리살 구이에 손으로 홀토마토를 으깨어 넣은 후 소스가 자작하게 줄어들 때까지 졸여 완성한다.

6 토마토 닭다리살 구이를 먹기 좋게 썬 후 접시에 올리고 송송 썬 쪽파를 뿌린 후 1)의 얇게 채 썬 양파를 곁들인다.

adèle

토마토 홍합 스튜

신선한 홍합과 홀토마토와 방울토마토를 듬뿍 넣어 만든 토마토 홍합 스튜입니다.
토마토의 깊은 맛과 홍합의 시원한 국물 맛이 만나 누구나 좋아해요. 요리 솜씨가 없어도
홍합과 토마토만 있다면 근사한 토마토 홍합 스튜를 손쉽게 만들 수 있어요.

ingredient

홍합 1팩(900g)
방울토마토 2컵(300g)
홀토마토 3개(600g)
마늘 2톨
다진 양파 2큰술
페페론치노 6개
화이트 와인 2큰술
소금 1/2작은술
후추 약간
올리브오일 2큰술
파슬리 2줄기
물 1컵

1 홍합은 수염을 떼어낸 후 깨끗이 씻는다.

2 마늘은 칼등으로 으깨어 준비하고, 방울토마토는 2등분하고, 파슬리 잎부분은 굵게 다지고, 홀토마토는 손으로 으깬다.

3 달군 팬에 오일을 두르고, 으깬 마늘과 다진 양파를 넣어 노릇하게 볶다가 방울토마토 1/2분량을 넣고 볶는다.

tip

껍질이 깨진 홍합이 있으면 과감히 버려 주세요. 신선도가 떨어지거나 상했을 수 있어요. 껍질 깨진 홍합이 아까워서 같이 넣고 끓이면 향과 맛에 영향을 줄 수 있어요. 시원하고 깔끔한 토마토 홍합 스튜를 먹고 싶다면 껍질 깨진 홍합은 넣지 마세요.

4 3)에 홍합, 화이트 와인을 넣고 센불에서 알코올 향이 날아갈 때까지 볶는다. 으깬 홀토마토, 남은 방울토마토, 물, 소금, 후추, 페페론치노를 부수어 넣은 후 뚜껑을 닫고 홍합 입이 다 벌어질 때까지 끓인다.

5 그릇에 토마토 홍합 스튜를 담고 파슬리를 뿌려 완성한다.

토마토 카레 닭다리살 볶음탕

토마토와 닭다리살, 감자, 당근, 양파와 카레 가루를 넣어 만든 토마토 카레 닭다리살 볶음탕입니다. 닭다리살을 넣어 쫄깃한 식감을 즐길 수 있습니다. 토마토와 카레가 들어가 이국적인 맛에 고추장과 고춧가루의 얼큰함까지 더해진 요리입니다.

ingredient

닭다리살 8쪽
홀토마토 1 1/2개(300g)
양파 1/2개
감자 1개
당근 1/2개
대파 1대
청양고추 1개
홍고추 1개
마늘 3톨
물 1 1/2컵
올리브오일 1큰술

닭다리살 밑간

청주 1큰술
다진 마늘 1/2큰술
간장 1작은술
후추 약간

양념

고춧가루 1큰술
카레가루 2큰술
맛술 1큰술
올리고당 2큰술
간장 1 1/2큰술
고추장 1큰술

1 닭다리살에 밑간 양념을 넣고 버무린 후 15분 정도 재운다.

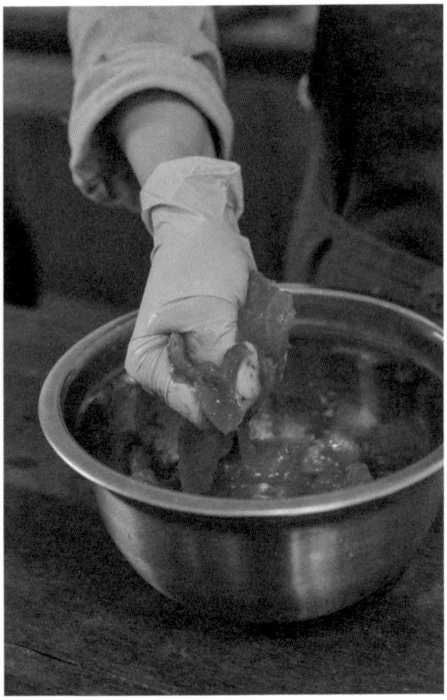

2 마늘은 편 썰고, 대파는 세로로 반 가른 후 5cm 길이로 썰고, 감자와 당근, 양파는 모양 그대로 2cm 두께로 썬다. 청양고추와 홍고추는 어슷 썬다.

3 볼에 양념 재료와 홀토마토를 으깨어 넣고 고루 섞는다.

tip

토마토 카레 닭다리살 볶음탕의 닭다리살은 꼭 마늘, 대파, 청양고추를 먼저 볶은 다음에 넣어서 볶아주세요. 마늘, 대파, 청양고추의 향을 낸 후 닭다리살을 노릇하게 볶으면 닭의 누린내가 없어지고, 쫄깃한 식감이 더 살아나요.

4 팬에 오일을 두른 후 편 썬 마늘, 대파, 청양고추를 넣어 볶은 후 1)의 재워둔 닭다리살을 넣고 노릇하게 익힌다.

5 4)에 물, 감자, 당근, 3)의 양념을 넣고 끓이다가 양파를 넣어 중약불에서 15~20분 정도 끓인다. 홍고추를 넣고 마무리한다.

토마토 국물에 빠진 찹쌀 옹심이

토마토와 멸치 육수를 넣고 끓여 진한 국물 맛을 볼 수 있고, 쫄깃한 찹쌀 옹심이까지 더해진 메뉴입니다. 흔히 찹쌀 옹심이는 팥죽에만 넣는다고 생각하지만, 깊은 맛을 내는 토마토 국물에 넣어 먹어도 잘 어울려요.

ingredient

홀토마토 1 1/2개(300g)
대패삼겹살 200g
대파 1대
양파 1/3개
다진 마늘 1큰술
올리브오일 1큰술
고추기름 1큰술
멸치 육수 3컵
청주 1큰술

국물 양념

고춧가루 1큰술
국간장 1/2큰술
참치액젓 1/2큰술

찹쌀 옹심이

찹쌀가루 3컵
소금 1/3작은술
따뜻한 물 2 1/2~3큰술

1 볼에 찹쌀가루, 소금을 넣고 잘 섞은 후 따뜻한 물을 조금씩 넣어가며 한 덩어리가 되도록 치대어 반죽한다. 반죽을 조금씩 떼어 동글동글 옹심이를 만든다.

2 대파 1/2대는 굵게 다지고, 양파는 사방 2cm 크기로 썬다. 남은 대파 반은 얇게 채 썰어 둔다. 홀토마토는 손으로 으깬다.

3 팬에 올리브오일, 고추기름을 넣고, 2)의 다진 대파, 다진 마늘. 썰어 둔 양파를 넣어 노릇하게 볶는다.

tip

찹쌀 옹심이를 반죽할 때 물을 한 번에 많이 넣지 말고 조금씩 넣어 가면서 해 주세요. 습식 찹쌀가루일 때와 건식 찹쌀가루일 때 물 넣는 양이 달라지기 때문에 조금씩 물을 넣어가며 반죽해야 실패 없이 찹쌀 옹심이 반죽을 만들 수 있답니다.

4 3)에 으깬 홀토마토, 멸치 육수, 청주, 양념을 넣고 끓어오르면 1)의 찹쌀 옹심이를 넣어 익을 때까지 끓여 마무리한다.

5 팬에 대패삼겹살을 노릇하게 구워 낸다.

6 그릇에 토마토 국물에 빠진 찹쌀 옹심이를 담고, 구운 대패삼겹살과 파채를 올려 상에 낸다.

토마토 고추장

끓여서 걸쭉하게 만든 토마토에 메줏가루, 고춧가루, 조청, 소금을 넣어 만든 토마토 고추장입니다. 집에서 고추장을 만든다는 것이 어렵게 느껴졌다면 간단하게 만들 수 있는 토마토 고추장에 도전해 보세요. 시판 고추장의 자극적인 단맛이 아닌 토마토와 조청의 은은한 단맛을 느낄 수 있어요.

ingredient

토마토 3개
(토마토를 끓였을 때 양 250g)
소금 1/4컵(50g)
과일청 2/3컵(200g)
메줏가루 2컵(125g)
고추장용 고춧가루 1 1/5컵(125g)
간장 1/4컵(50g)
조청 1컵(260g)

1 토마토는 열십자 모양으로 칼집을 낸 후 끓는 물에 넣어 10초간 데친다. 꺼내자마자 찬물에 담가 껍질을 벗긴다.

2 1)의 껍질 벗긴 토마토를 믹서에 넣고 곱게 간다. 냄비에 담아 걸쭉한 토마토 퓌레 상태가 되도록 끓인 후 완전히 식힌다.

3 볼에 토마토 퓌레, 소금, 조청, 과일청을 넣고 섞은 후 메줏가루, 고춧가루, 간장을 넣고 잘 섞는다.

tip

토마토 고추장의 토마토 퓌레는 최대한 걸쭉해질 때까지 끓여서 넣어 주세요. 토마토를 충분히 끓여 수분을 최대한 없앤 후에 고추장을 만들어야 오래 보관할 수 있어요. 토마토 퓌레에 수분이 많으면 토마토 고추장에 곰팡이가 생길 수 있어요.

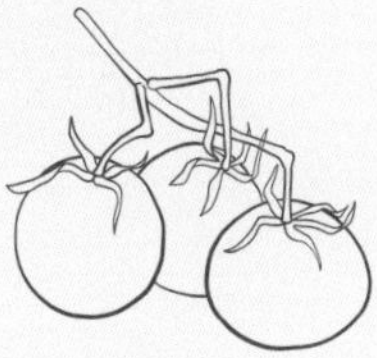

4 소독한 용기에 토마토 고추장을 담고 실온에서 3일 정도 둔 후 냉장 보관한다. (토마토 고추장은 바로 먹어도 되지만, 며칠 발효 과정을 거치면 맛이 더 좋아진다.)

토마토 말랭이 무침

토마토 말랭이를 토마토 고추장 양념장에 버무린 토마토 말랭이 무침입니다.
건조기만 있다면 토마토 말랭이 만드는 건 어렵지 않아요. 토마토 말랭이를
양념장에 버무리기만 하면 끝이에요. 간단하게 만들 수 있는 새콤달콤 매콤 밑반찬입니다.

ingredient

토마토 3개
쪽파 1줄기

양념

토마토 고추장 1큰술
고춧가루 2/3큰술
간장 1작은술
올리고당 2큰술
매실청 2/3큰술
참기름 약간
통깨 약간

tip

토마토 말랭이를 말릴 때 중간중간 뒤집어 주세요. 1cm 두께로 자른다고 해도 두께가 조금씩 다를 거예요. 중간중간 뒤집어 가며 먼저 마른 토마토 말랭이는 꺼내 주어야 딱딱하지 않고 쫄깃쫄깃한 토마토 말랭이 무침을 만들 수 있어요.

1 토마토는 1cm 두께로 썬 후 건조기 70℃에서 8~9시간 말린다.

2 쪽파는 송송 썰어 준비한다.

3 볼에 양념 재료를 넣고 고루 섞은 후 토마토 말랭이를 넣어 무친다. 접시에 담고 송송 썬 쪽파를 올려 완성한다.

토마토 고추장 짜글이 찌개

토마토와 돼지고기, 애호박, 감자, 양파, 토마토 고추장과 된장을 넣고 바글바글 끓인 토마토 고추장 짜글이 찌개입니다. 토마토의 감칠맛과 고추장의 매콤함, 된장의 구수함까지 더해져 맛있는 찌개를 끓이고 싶을 때 도전하기 좋은 메뉴입니다.

ingredient

돼지고기 앞다리살 200g
토마토 2개
애호박 1/2개
감자 1개
양파 1/2개
대파 1대
청양고추 1/2개
올리브오일 1큰술
물 3컵

찌개 양념

고춧가루 1큰술
다진 마늘 1/2큰술
국간장 1/2큰술
토마토 고추장 3큰술
된장 1큰술
맛술 1큰술
설탕 1/2작은술

돼지고기 밑간

다진 마늘 1작은술
청주 1/2큰술
후추 약간

1 토마토는 사방 2cm 정도로 썰고, 애호박, 감자, 양파는 큼직하게 썬다. 청양고추와 대파는 어슷 썬다.

2 돼지고기는 밑간 재료를 넣고 조물조물 버무린 후 15분간 재운다.

3 볼에 찌개 양념 재료를 모두 넣고 섞는다.

4 냄비에 오일을 두른 후 2)의 밑간한 돼지고기를 넣고 볶다가 토마토를 넣어 볶는다.

tip

토마토 고추장 짜글이 찌개에 토마토를 넣고 충분히 볶아 주세요. 토마토가 으깨질 정도로 충분히 볶은 후 물과 찌개 양념 등 다른 재료를 넣고 끓여야 더 깊은 맛을 낼 수 있어요.

5 4)에 물 3컵, 찌개 양념, 애호박, 감자, 양파를 넣고 한소끔 끓인다.
6 5)에 어슷 썬 대파와 청양고추를 넣고 한소끔 끓여 완성한다.

토마토 골뱅이 비빔 물회

토마토와 토마토 고추장을 넣어 만든 양념과 골뱅이 그리고 각종 채소를 넣고 비벼 먹는 토마토 골뱅이 비빔 물회입니다. 입맛 없는 여름에 양념장을 냉동실에 살짝 얼렸다가 먹으면 더 맛있습니다.

ingredient

토마토 2개
골뱅이 1캔
양배추 1/8개
양파 1/4개
오이 1/2개
당근 1/5개
깻잎 10장
소면 한 줌
통깨 약간

양념

고춧가루 1큰술
설탕 1작은술
간장 1큰술
토마토 고추장 4큰술
올리고당 3큰술
매실청 2큰술
식초 3큰술
레몬즙 1큰술
다진 마늘 1작은술
참기름 1/2큰술

1 양배추, 양파, 오이, 당근은 0.3cm 두께로 채 썰고, 깻잎은 세로로 반 자른 후 1cm 폭으로 썬다. 골뱅이는 크기가 큰 것은 반으로 자른다.

2 토마토는 사방 2cm 정도로 썬 다음 양념 재료와 함께 믹서에 넣고 곱게 갈아 준다.

3 냄비에 물을 넣고 끓어오르면 소면을 넣은 후 중간에 찬물을 2~3번 부어가며 3분 정도 삶는다. 삶은 소면은 찬물에 헹구어 체에 밭쳐 물기를 뺀다.

tip

토마토 골뱅이 비빔 물회를 더운 여름에 만들 때는 지퍼백에 양념을 넣어 냉동실에서 살짝 살얼음을 만들었다가 먹으면 좋아요. 조금 더 시원한 토마토 골뱅이 비빔 물회를 맛볼 수 있어요.

4 그릇에 1)의 썰어 놓은 채소와 골뱅이를 담고, 2)의 양념을 넉넉히 부은 후 통깨를 뿌려 완성한다. 소면은 다른 그릇에 따로 곁들여 낸다.

토마토청

토마토와 설탕으로 만든 맛있는 토마토청입니다. 토마토로 만든 토마토청은
일반 매실청에 비해 새콤한 맛이 덜해 무난하게 단맛을 내는 샐러드 드레싱이나 무침 등
어디에나 사용해도 좋아요.

ingredient

토마토 5개(1kg)
설탕 1.1kg(6컵)

1 토마토는 깨끗이 씻은 후 물기를 제거한다.

2 토마토는 반으로 자른 후 2cm 두께로 모양대로 썬다.

3 큰 볼에 토마토와 설탕 80% 정도를 넣고 살살 버무린 후 30분 정도 둔다.

4 소독한 용기에 3)을 넣고 그 위에 나머지 20%의 설탕을 마저 넣고 뚜껑을 덮는다.

tip

토마토청을 만들고 나서는 설탕이 녹을 때까지 꼭 매일 저어 주세요. 토마토는 수분이 많아서 다른 과일청에 비해 설탕 양을 조금 더 넣어야 해요. 수분이 많다 보니 설탕이 다 녹지 않고 가라앉은 상태로 두면 당도가 낮아져 토마토청의 윗부분에 금세 곰팡이가 생길 수 있어요. 귀찮더라도 설탕이 녹을 때까지 저어 주면 맛있는 토마토청을 만들 수 있어요.

5 2일 후부터 설탕이 녹을 때까지 2주간 서늘한 곳에 누고 계속 반복하여 젓는다.

6 설탕이 다 녹으면 냉장고에 넣고 3~6개월간 숙성시킨 후 토마토청만 따라내어 다시 소독한 용기에 담아 보관한다.

샤브샤브 고기 토마토 샐러드

얇은 샤브샤브 고기와 토마토, 참나물, 그리고 맛있는 드레싱을 뿌려 먹는 샤브샤브 고기 토마토 샐러드입니다. 토마토청과 고추를 다져 넣은 살짝 매콤하면서 달콤한 드레싱, 토마토의 시원함, 참나물의 향이 더해진 색다른 맛입니다.

ingredient

샤브샤브용 쇠고기 200g
토마토 2개
참나물 한 줌
청주 1큰술
대파 5cm

드레싱

청고추 1개
홍고추 1개
대파 10cm
간장 2큰술
올리브오일 2큰술
식초 2큰술
토마토청 2큰술
꿀 1큰술
맛술 2/3큰술
후추 약간

1 토마토는 열십자 모양으로 칼집을 낸 후 끓는 물에 넣어 10초간 데친다. 꺼내자마자 찬물에 담가 껍질을 벗긴 뒤 1.5cm 두께로 썬다.

2 참나물은 5cm 길이로 썬다.

3 드레싱 재료 중 청고추, 홍고추, 대파는 굵게 다진다. 볼에 드레싱 재료를 모두 넣고 잘 섞는다.

tip

샤브샤브용 고기를 데칠 때는 자투리 향채소를 채 썰어 끓인 후에 데쳐 주세요. 조금씩 남아 있는 대파, 양파, 마늘 등을 얇게 채 썰어 물에 넣고 끓이다가 고기를 데치면 잡내를 잡아줄 수 있어요.

4 냄비에 물, 대파를 넣고 끓어오르면 청주 1큰술을 넣은 뒤 샤브샤브용 쇠고기를 데친다. 데친 쇠고기는 체에 밭쳐 물기를 뺀다.

5 접시에 토마토, 쇠고기, 참나물을 올린 후 드레싱을 뿌려 완성한다.

토마토 주꾸미 샐러드

색색의 예쁜 방울토마토, 주꾸미, 올리브, 토마토청이 들어간 토마토 주꾸미 샐러드입니다.
마늘 향을 입혀 구워낸 주꾸미와 토마토청, 홀그레인 머스터드를 넣어 만든 드레싱과
시원한 오이, 색색의 방울토마토가 한입에 들어가면 상큼하면서 쫄깃한 맛을 느낄 수 있어요.

ingredient

주꾸미 5마리(250g)
색색의 방울토마토 10개
오이 1/2개
래디시 1개
블랙올리브 6개
케이퍼 1작은술
올리브오일 1큰술
마늘 1톨
화이트 와인 1큰술
밀가루 2큰술
굵은 소금 1작은술

드레싱

홀그레인 머스터드 1큰술
올리브오일 3큰술
레몬즙 2큰술
식초 1/2큰술
꿀 1작은술
토마토청 1큰술
다진 마늘 2/3큰술
맛술 1큰술
소금 약간
후추 약간

1 주꾸미 머리를 뒤집어서 내장을 제거하고, 가위로 눈을 자른다. 다리를 뒤집어서 입 주변 양옆을 눌러 튀어나오게 한 후 입을 제거한다. 볼에 주꾸미, 밀가루 2큰술, 굵은 소금 1작은술을 넣고 바락바락 주물러 맑은 물이 나올 때까지 씻은 후 체에 밭쳐 물기를 뺀다.

2 마늘은 칼등으로 으깨고, 오이와 방울토마토는 세로로 4등분하여 자른 후 먹기 좋은 크기로 썰고, 블랙올리브는 가로로 2등분한다. 래디시는 얇게 썬다.

3 볼에 드레싱 재료를 모두 넣고 섞는다.

tip

주꾸미 대신 제철 해산물을 이용해서 만들어도 좋아요. 오징어, 낙지, 문어를 활용하거나, 바지락살이나 새우를 데쳐서 넣어도 맛있어요.

4 올리브오일을 두른 팬에 으깬 마늘을 넣어 향을 낸 뒤 손질한 주꾸미를 넣어 볶는다. 이때 화이트 와인 1큰술을 넣고 살짝 알코올 향을 날린 후 뚜껑을 닫고 1분 정도 익힌다. 한 김 식힌 주꾸미는 먹기 좋게 썬다.

5 볼에 오이, 방울토마토, 올리브, 케이퍼, 주꾸미를 담고 드레싱을 부어 버무린 다음 접시에 담아 래디시를 올려 완성한다.

선드라이 토마토

방울토마토를 반으로 잘라 소금, 후추를 뿌려 오븐에 말린 후 로즈마리, 말린 바질, 볶은 마늘, 올리브오일을 넣어 만든 선드라이 토마토입니다. 방울토마토는 그냥 먹어도 맛있지만, 선드라이 토마토로 만들어 요리에 활용해 보세요. 선드라이 토마토 몇 개만 올려도 향과 맛, 색감까지 더해져 더욱 고급스러운 요리가 돼요.

ingredient

방울토마토 1팩(500g)
로즈마리 1줄기
말린 바질 약간
마늘 2톨
올리브오일 2큰술(마늘 볶을 때)
올리브오일 2컵(병에 담을 때)
소금 약간
후추 약간

1 방울토마토는 깨끗이 씻은 후 물기를 제거하고 반으로 잘라서 준비한다.

2 오븐 팬에 반 자른 방울토마토를 올리고 소금과 후추를 조금 뿌린 후 100~110℃에서 10분간 예열한 오븐에 넣어 1시간 30분에서 2시간 정도 구워 식힌다.

3 마늘은 칼등으로 으깨고, 오일을 두른 팬에 으깬 마늘을 넣어 노릇하게 볶는다.

tip

선드라이 토마토를 만들 때 오븐 온도 100~110℃를 지켜 주세요. 너무 높은 온도에서 말리면 토마토의 당도 때문에 타버릴 수 있어요. 시간은 조금 더 걸리지만 비교적 낮은 온도인 100~110℃에서 말리면 맛있고 향이 좋은 선드라이 토마토를 만들 수 있답니다. 오븐이 아닌 식품 건조기에 말려도 괜찮아요.

4 열탕 소독한 유리병에 선드라이 토마토, 로즈마리, 말린 바질, 3)의 볶은 마늘과 오일을 넣은 후 선드라이 토마토가 잠기도록 올리브오일을 붓고 뚜껑을 닫아 보관한다.

구운 가지와 선드라이 토마토

구운 가지와 선드라이 토마토에 쯔유 드레싱을 뿌려 먹어요. 가지는 보통 나물로만 먹는다고 생각하는 분이 많더라고요. 가지는 어떻게 조리하느냐에 따라 식감이 달라요. 이 메뉴는 가지를 반으로 갈라 오븐에 구워낸 후 쯔유 드레싱을 뿌리고, 선드라이 토마토로 식감과 색을 더합니다. 와인 안주나 반찬으로도 좋아요.

ingredient

가지 2개
마늘 15톨
선드라이 토마토 20개
올리브오일 약간
소금 약간

쯔유 드레싱

쯔유 2큰술
올리브오일 2큰술
레몬즙 1큰술
화이트 와인 비니거 1큰술
꿀 1큰술
맛술 1/2큰술
다진 마늘 1작은술
다진 청양고추 1/2큰술
후추 약간

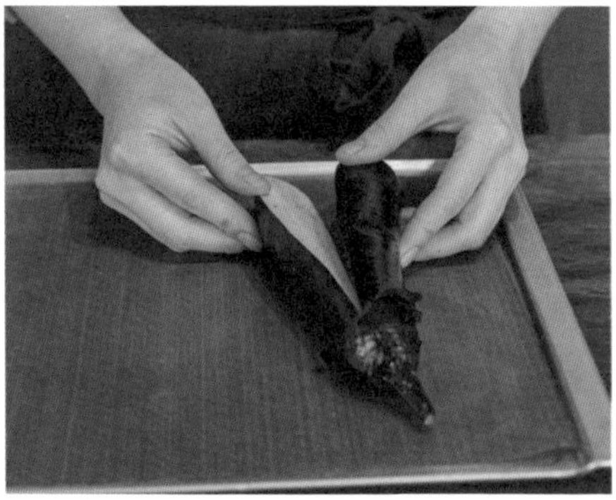

1 가지는 꼭지 부분은 남기고 세로로 길게 반으로 가른다.

2 오븐 팬에 1)의 반으로 가른 가지와 마늘을 올린 후 소금을 약간 뿌리고, 마늘에는 올리브오일를 약간 뿌린다. 180℃에서 10분간 예열한 오븐에 넣고 15분간 굽는다.

3 볼에 드레싱 재료를 모두 넣고 잘 섞는다.

tip

구운 가지를 오븐에 굽기 어렵다면 얇게 슬라이스 한 후 팬에 구워 주세요. 구울 때 살짝 소금을 뿌려 구워낸 후 드레싱을 뿌리면 오븐에서 구운 것처럼 맛있답니다.

4 접시에 구운 가지, 구운 마늘, 선드라이 토마토를 올린 후 드레싱을 부어 완성한다.

ol: vyhledat nová
uhlí a železa pro budoucí
u báňského průmyslu; nebo
vzdorné hlíny pro projektovanou
na porcelán; nebo magnesit, slídu,
má na mysli Polsko mezi dvěma válkami.
o k Marxovi
33

토마토페스토

선드라이 토마토, 그라나파다노 치즈, 아몬드, 올리브오일, 소금, 후추를 넣어 곱게 갈아 만든 토마토페스토입니다. 선드라이 토마토로 만들어서 풍미가 깊은 토마토의 맛과 향을 느낄 수 있어요. 토마토페스토는 빵에 발라 먹어도 맛있어요.

ingredient

선드라이 토마토 1/2컵(100g)
마늘 1톨
아몬드 5큰술(50g)
그라나파다노 치즈 5큰술(25g)
소금 1/3작은술
후추 약간
올리브오일 1/2컵

tip

토마토페스토에 넣는 견과류는 다양하게 활용해도 좋아요. 여기서는 아몬드를 넣었지만, 집에 남아 있는 어떤 견과류든 넣어도 상관없어요. 땅콩, 캐슈넛, 잣 등 집에 있는 재료로 만들어 보세요.

1 마늘은 칼등으로 으깨 준비한다.
2 푸드프로세서에 모든 재료를 넣고 갈아 준다.
3 열탕 소독한 용기에 담아 냉장 보관한다.

토마토페스토 로메인 샐러드

미니 로메인에 토마토페스토 드레싱, 베이컨, 크루통을 올려 만든 샐러드입니다.
상큼한 샐러드가 아닌 묵직한 맛의 샐러드를 맛보고 싶을 때 안성맞춤이에요.
베이컨의 짭짤한 맛과 크루통의 바삭한 맛이 더해져 재미있는 식감을 즐길 수 있어요.

ingredient

미니 로메인 1포기
베이컨 2장
그라나파다노 치즈 약간
크루통 약간

토마토페스토 드레싱

토마토페스토 2 1/2큰술
마요네즈 4큰술
꿀 1큰술
설탕 1작은술
레몬즙 1작은술
멸치액젓 1/2작은술
후추 약간
말린 파슬리 약간

1 미니 로메인은 깨끗이 씻어 물기를 최대한 털고, 세로로 2~4등분한다.

2 볼에 토마토페스토 드레싱 재료를 모두 넣고 잘 섞어 준다.

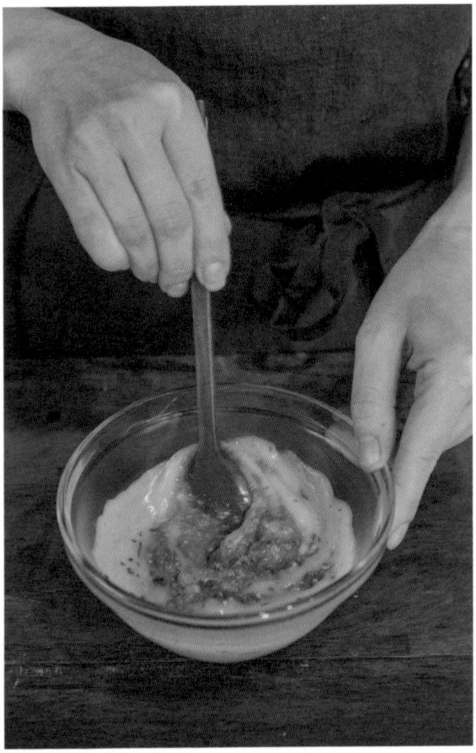

3 베이컨은 먹기 좋은 크기로 자른 뒤 달군 팬에 넣어 바삭하게 굽는다.

tip

로메인 대신 다양한 채소로 샐러드를 만들어 보세요. 냉장고에 남아 있는 상추, 알배추, 양상추로 만들어도 맛있답니다.

4 로메인에 켜켜이 토마토페스토 드레싱을 뿌리거나, 로메인 위에 드레싱을 부어 준다.

5 토마토 로메인 샐러드 위에 베이컨과 크루통, 그라나파다노 치즈를 뿌려 완성한다.

part 2

우리 집 식탁 필수 아이템

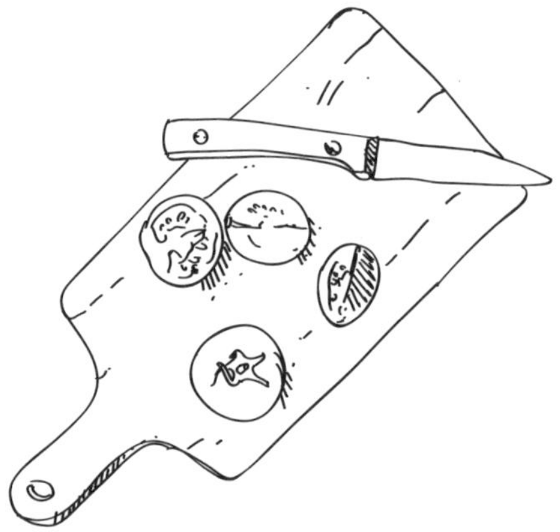

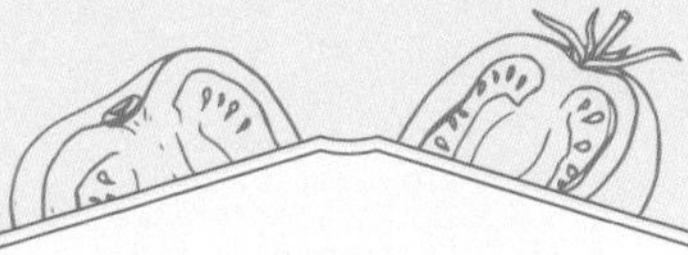

한 가지로 충분한 토마토 브런치

토마토잼

토마토, 올리고당, 레몬즙을 넣어 만든 토마토잼입니다. 껍질 벗긴 토마토를 곱게 갈아서 올리고당, 레몬즙과 함께 약불에서 뭉근히 끓여 새콤달콤해요.

ingredient

토마토 3개(600g)
올리고당 1 1/2컵(450g)
레몬즙 2큰술

tip

토마토잼의 보존기간을 늘리고 싶다면 설탕을 더 추가해 주세요. 책에 나온 토마토잼은 올리고당을 넣어 덜 달게 만든 레시피예요. 더 오랫동안 보관하고 싶다면 설탕을 추가해서 만드는 걸 추천합니다.

1 토마토는 열십자 모양으로 칼집을 낸 후 끓는 물에 넣어 10초간 데친 다음 찬물에 담가 껍질을 벗긴다.

2 1)의 껍질 벗긴 토마토를 믹서에 넣고 곱게 갈아 준다.

3 냄비에 갈아 놓은 토마토, 올리고당, 레몬즙을 넣어 중불에서 끓인다. 가장자리가 끓어오르면 약불에서 20~30분 정도 저으며 끓여 준다.

4 토마토잼이 걸쭉해지면 찬물에 한 방울 떨어뜨려 퍼지지 않는지 확인한다.

5 완성된 토마토잼은 소독한 용기에 담아 냉장고에 보관한다.

부라타 치즈와 빨주노 샐러드

부라타 치즈와 여러 색깔의 방울토마토, 올리브, 바질 그리고 레몬 드레싱을 곁들인 샐러드입니다. 부라타 치즈의 부드러움과 색색의 토마토, 새콤한 레몬 드레싱을 곁들이면 집에서도 근사하게 샐러드를 만들 수 있어요.

ingredient

부라타 치즈 1개
색색의 방울토마토 8개
블랙올리브 3개
그린올리브 3개
레몬 제스트 약간
바질 2~3장

레몬 드레싱

레몬즙 3큰술
올리브오일 2큰술
꿀 2큰술
소금 약간
후추 약간

tip

드레싱을 만들 때 꿀 대신 유자청을 넣어서 만들면 좋아요. 책에서는 레몬즙과 레몬 제스트가 들어갔지만, 시판되는 레몬즙을 이용할 때는 꿀 대신 유자청을 넣으면 레몬 제스트를 뿌리지 않아도 향긋한 향을 맛볼 수 있어요.

1 볼에 드레싱 재료를 모두 넣고 섞는다.
2 방울토마토는 반으로 자른다.
3 접시 위에 부라타 치즈, 반 자른 방울토마토, 블랙올리브, 그린올리브를 올린 후 드레싱과 바질, 레몬 제스트를 뿌려 완성한다.

바질 토마토

껍질 벗긴 토마토를 드레싱에 마리네이드하여 먹는 샐러드입니다.
아주 간단하지만, 맛은 정말 훌륭해요. 토마토 1개를 통째로 맛있게 먹을 수 있어요.

ingredient

토마토 2개
바질 2장

드레싱

올리브오일 3큰술
화이트 와인 비니거 2 1/2큰술
꿀 3큰술
소금
후추 약간
말린 바질 약간

tip

껍질 벗긴 토마토 꼭지 부분을 아깝더라도 1cm 정도 잘라 주세요. 토마토 1개를 그대로 절이면 맛이 스미는 데 시간이 꽤 걸려요. 꼭지 부분을 1cm 정도 자르면 맛있는 드레싱이 안으로 배어 들어가 더 맛있는 토마토 샐러드의 맛을 볼 수 있어요. 잘라 낸 꼭지 부분은 버리지 말고 같이 절였다가 먹어도 됩니다.

1 토마토는 열십자로 칼집을 넣어 끓는 물에 10초 정도 데친 후 찬물에 담가 껍질을 벗긴다. 꼭지 부분을 1cm 정도 자른다.

2 볼에 드레싱 재료를 모두 섞은 후 1)의 토마토를 넣어 냉장고에 1시간 정도 차게 재워 둔다. 중간중간 드레싱을 뿌려 주거나 토마토를 아래위 위치를 바꿔 드레싱이 골고루 배도록 한다.

3 2)의 토마토를 8등분한 후 접시에 담고 그 위에 바질을 올려 완성한다.

연근 토마토 통들깨 마리네이드

연근, 토마토 그리고 통들깨를 넣어 만든 샐러드입니다. 살짝 데친 연근의 아삭함과, 토마토의 새콤함, 통들깨의 톡톡 터지는 식감까지 느낄 수 있는 샐러드입니다.

ingredient

연근 1/2개(100g)
방울토마토 20개
통들깨 1/2큰술
식초 1작은술

드레싱

발사믹 식초 3큰술
올리브오일 3큰술,
꿀 1 1/2큰술
소금 약간
후추 약간

1 연근은 깨끗이 씻어 껍질을 벗긴 뒤 0.5cm 두께로 썰고, 방울토마토는 칼끝으로 3~4군데 콕콕 찔러 놓는다.

2 냄비에 물과 식초 1작은술을 넣고 끓어오르면 1)의 방울토마토를 넣고 10초 정도 데친 후 찬물에 담가 껍질을 벗기고, 1)의 연근을 넣고 1분 정도 데친 후 찬물에 헹궈 체에 밭쳐 둔다.

tip

연근을 데칠 때는 꼭 식초를 약간 넣어 주세요. 식초를 넣어서 연근을 데치면 연근의 아린 맛과 색이 변하는 것을 방지해 줄 수 있어요. 또 아삭아삭한 식감의 연근 토마토 통들깨 마리네이드를 맛볼 수 있어요.

3 볼에 드레싱 재료를 모두 넣고 섞은 후 데쳐 낸 방울토마토와 연근을 넣어 버무려 30분 정도 냉장고에 둔다.

4 접시에 연근 방울토마토 마리네이드를 담은 후 통들깨를 뿌려 완성한다.

디아볼라 눈꽃 토마토

토마토와 페페론치노, 생 모짜렐라, 그라나파다노 치즈를 넣어 구운 토마토입니다.
도톰하게 자른 토마토에 페페론치노를 뿌려 구워낸 후 생 모짜렐라 치즈, 구운 토마토,
그라나파다노 치즈를 층층이 올려 만들어요. 디아볼라는 이탈리아어로 마녀라는 뜻입니다.
디아볼라라는 이름을 붙인 건 매운 양념이 들어간 요리이기 때문이에요.

ingredient

토마토 2개
생 모짜렐라 치즈 1개
그라나파다노 간 것 4큰술
마늘 2톨
올리브오일 1큰술
페페론치노 간 것 1/2작은술
소금 약간
후추 약간
바질 2~3장

tip

페페론치노가 없다면 매운 고춧가루를 넣어 매콤한 디아볼라 눈꽃 토마토를 만들 수 있어요.

1 토마토는 1.5cm 두께의 링 모양으로 썰고, 생 모짜렐라는 1.5cm 두께로 썬다.

2 마늘은 칼등을 이용하여 으깨고, 달군 팬에 오일을 두른 후 으깬 마늘을 넣어 노릇하게 볶아 건져 둔다.

3 2)에 1)의 토마토를 올린 후 소금, 후추, 페페론치노를 뿌려 앞뒤로 구워 준다.

4 접시에 생 모짜렐라 → 구운 토마토 → 그라나파다노 치즈 → 바질 순으로 쌓아 올리고, 볶은 마늘도 한쪽에 담아 낸다.

빵가루 토마토구이

토마토 속을 파낸 후 모짜렐라 치즈, 양념한 다진 돼지고기, 빵가루를 넣어 구워서 크림 소스와 같이 먹어요. 구운 토마토의 깊은 맛과 토마토 안에 넣어 익힌 육즙 가득한 돼지고기, 빵가루의 바삭함, 크림의 고소함까지 맛볼 수 있는 요리입니다.

ingredient

토마토 4개
모짜렐라 치즈 1/2컵
빵가루 1/2컵
다진 돼지고기 150g
마늘 1톨
다진 양파 2큰술
후추 약간
올리브오일 2큰술
말린 파슬리 약간

돼지고기 밑간

다진 양파 3큰술
다진 파 1큰술
다진 마늘 1작은술
간장 1/2큰술
올리고당 1/2큰술
후추 약간

화이트 소스

생크림 1 1/2컵
표고버섯가루 1/2작은술
감자전분 1작은술
소금 1/4작은술
후추 약간

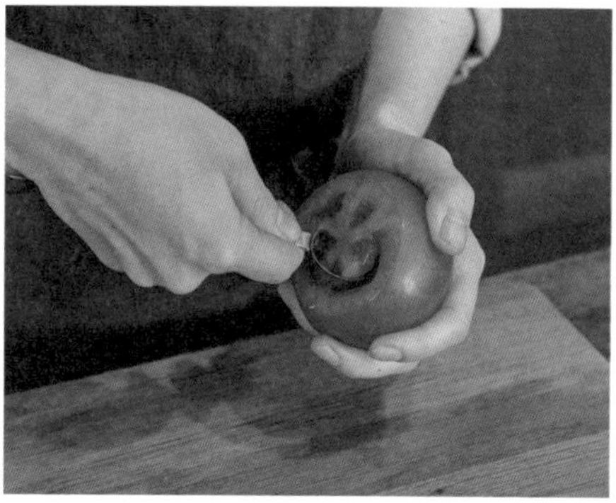

1 토마토는 윗부분을 1cm 정도 자른 뒤 속을 파낸다.

2 다진 돼지고기에 밑간 양념을 넣어 조물조물한 후 15분간 재운다.

3 1)의 토마토에 모짜렐라 치즈, 2)의 양념한 돼지고기, 모짜렐라 치즈, 빵가루 순으로 속을 채운 뒤 오일, 파슬리를 약간씩 뿌려 오븐 팬에 올린다.

4 10분간 예열한 오븐에 3)을 넣고 180℃에서 15분 정도 굽는다.

5 마늘은 칼등으로 으깨고, 볼에 화이트 소스 재료를 모두 넣고 잘 섞는다.

tip

빵가루 토마토구이와 화이트 소스에서 토마토 속을 너무 많이 파내지 마세요. 너무 많이 파내면 속을 채운 토마토를 구울 때 모양이 푹 꺼질 수가 있어요. 그리고 토마토 속이 적당히 남아 있어야 완성했을 때 더 맛있답니다.

6 달군 팬에 올리브오일 1큰술을 두른 뒤 으깬 마늘, 다진 양파를 넣고 노릇하게 볶다가 5)의 화이트 소스를 넣고 끓인다.

7 접시에 6)의 화이트 소스를 붓고, 토마토구이를 올린 후 후추를 약간 뿌려 완성한다.

한 가지로 충분한 토마토 반찬

토마토소스를 올린 달걀찜

부드러운 달걀찜에 새콤달콤한 토마토소스를 올린 요리입니다.
토마토 달걀 볶음만큼이나 만들기가 쉬워요. 부드러운 달걀찜은 마치 푸딩을 먹는 듯하고,
토마토소스는 자칫 밋밋할 수 있는 달걀찜의 맛을 한층 더 높여 줍니다.
아이들 밥반찬으로, 간단한 아침 메뉴로도 좋습니다.

ingredient

달걀 4개
방울토마토 6개
마늘 1톨
대파 5cm
맛술 1큰술
다시마 우린 물 또는 물 1/2컵
소금 약간
올리브오일 1/2큰술

양념

간장 1큰술
올리고당 1 1/2큰술
맛술 1/2큰술
식초 1큰술
물 2큰술

물녹말

감자전분 1/2작은술
물 1큰술

1 마늘은 0.3cn 두께로 편 썰고, 대파는 송송 썬다. 방울토마토는 세로로 잘라 4등분한다. 작은 볼에 물녹말 재료를 넣어 섞고, 다른 볼에 양념 재료를 모두 넣고 섞는다.

2 볼에 달걀을 풀어 체에 한 번 내린 뒤 다시마 우린 물, 소금, 맛술을 넣고 섞는다.

3 내열 용기에 2)의 달걀물을 용기의 70% 정도 붓고, 랩을 씌워 칼끝 또는 젓가락을 이용해 3~4군데 구멍을 낸 후 김이 오른 찜기에 올려 중약불에서 10분간 찐다.

tip

달걀은 꼭 체에 내려서 만들어 주세요. 토마토소스를 올린 달걀찜의 포인트는 부드러운 맛에 있거든요. 손이 한 번 더 가더라도 체에 내려서 사용해야 부드러운 달걀찜을 만들 수 있어요.

4 달군 팬에 오일을 두른 뒤 1)의 마늘, 대파를 넣고 노릇하게 볶다가 방울토마토를 넣어 살짝 볶는다.

5 4)에 양념 재료를 모두 넣고 끓어오르면 물녹말을 넣어 고루 젓는다. 완성된 소스를 3)의 달걀찜 위에 부어 완성한다.

토마토 미소국

토마토와 미소 된장만 있으면 금세 만들 수 있어요.
단맛이 있는 미소 된장과 토마토가 만나 색다른 맛을 느낄 수 있답니다.
토마토가 은근 된장과도 잘 어울리는 재료구나, 하는 사실을 깨닫게 되는 메뉴입니다.

ingredient

토마토 2개
멸치 육수 2 1/2컵
미소 된장 2큰술
쪽파 1줄기
가쓰오부시 약간

tip

미소국은 뜨겁게 팔팔 끓인 후 바로 부어 주세요. 껍질 벗긴 토마토를 그릇에 담고 미소된장국을 붓기 때문에 자칫 미소된장국의 온도가 떨어져 미지근하게 느껴질 수도 있어요. 뜨거울 때 부으면 따뜻한 토마토 미소국을 맛볼 수 있어요.

1 토마토는 열십자 모양으로 칼집을 낸 후 끓는 물에 넣어 10초간 데친 다음 찬물에 담가 껍질을 벗긴다. 데친 토마토는 모양을 살려 8등분한다.

2 쪽파는 송송 썬다.

3 냄비에 멸치 육수를 담아 끓어오르면 미소 된장을 넣고 2분 정도 더 끓인다

4 그릇에 1)의 8등분한 토마토를 담고 3)의 미소국을 붓는다. 가쓰오부시와 쪽파를 뿌려 완성한다.

tomatoes.

토마토 아보카도 간장 절임

토마토와 아보카도에 간장 소스를 넣어 만든 절임입니다. 토마토와 아보카도, 고추 등을 간장 소스에 절이면, 한 그릇 요리를 뚝딱 만들 수 있어요.
밥 위에 토마토 아보카도 간장 절임과 참기름 약간, 달걀프라이만 올리면 한 그릇 요리가 완성됩니다. 밥반찬으로 내기에도 좋은 메뉴입니다.

ingredient

아보카도 2개
토마토 1개
방울토마토 15개
양파 1/4개
대파 1대
꽈리고추 5개
청양고추 1개

양념

간장 1컵
물 1 1/3컵
설탕 2/3컵
맛술 3큰술

1 양파, 토마토, 방울토마토는 2등분하고, 대파는 5cm 길이, 청양고추는 먹기 좋은 크기로 자른다. 꽈리고추는 깨끗이 씻는다.

2 아보카도는 반으로 자른 다음, 씨에 칼날을 꽂아 살짝 비틀어 빼낸다. 씨를 제거한 아보카도는 껍질을 벗긴 후 1cm 두께로 슬라이스 한다.

3 기름 두르지 않은 달군 팬에 양파, 대파, 꽈리고추를 노릇하게 굽는다.

tip

토마토 아보카도 간장 절임에서 아보카도는 적당히 익은 걸 사용해 주세요. 무르지 않고 단단하게 과육이 잘 익은 아보카도로 만들어야 숙성시킨 후에도 모양이 흐트러지지 않아 먹음직스러워요.

4 냄비에 양념을 모두 넣고 부르르 끓어오르면 불을 끈 다음 3)의 구운 양파, 대파, 꽈리고추를 넣어 차게 식힌다.

5 용기에 아보카도, 토마토, 방울토마토, 청양고추, 4)의 재료를 모두 넣고 절인다. 6시간 정도 숙성시킨 후 먹는다.

영양부추 한입 토마토 김치

대추방울토마토와 영양부추, 양파로 만든 김치입니다.
보통 김치라고 하면 어렵게 생각하더라고요. 영양부추 한입 토마토 김치는
간단하면서도 건강하고 맛있게 먹을 수 있는 메뉴입니다.

ingredient

대추방울토마토 1팩(500g)
영양부추 1/3단
양파 1/3개
통깨 2/3큰술

양념

고춧가루 3큰술
사과 간 것 2큰술
다진 마늘 1/2큰술
다진 생강 1/2작은술
멸치액젓 1큰술
새우젓 1큰술
올리고당 1큰술
매실청 1큰술

1 대추방울토마토는 칼끝으로 3~4군데 콕콕 찌른 후 끓는 물에 10초간 데친 다음 찬물에 담가 껍질을 벗긴다.

2 깨끗이 씻은 영양부추와 양파는 2cm 길이로 썬다.

3 볼에 양념 재료를 모두 넣어 잘 섞은 후 2)의 양파를 넣고 버무린다. 1)의 대추방울토마토와 영양부추를 넣고 다시 한번 살살 버무린다.

tip

영양부추 한입 토마토 김치는 살살 버무려 주세요. 껍질 벗긴 대추방울토마토는 살살 버무려야 물러지지 않아요. 그리고 부추는 세게 버무리면 자칫 풋내가 날 수 있어요.

4 3)에 통깨를 넣어 버무린 후 그릇에 담는다.

토마토 오이 물 소박이

오이와 토마토를 넣어 시원하면서도 깔끔한 김치입니다. 절인 오이에 속을 채우고
토마토와 여러 가지 양념을 한 국물을 부어 익혀 먹어요.
발효시킨 후 시원하게 국수에 말아 먹어도, 밥반찬으로도 딱이에요.

ingredient

오이 4개
무 2cm 한 토막
당근 1/3개
홍고추 1개
소금 1/2큰술

절임물

물 2컵
소금 2큰술

양념

사과 1/3개
토마토 1개
마늘 2톨
다진 생강 1작은술
소금 1큰술
설탕 2/3큰술
생수 2컵

1 오이는 칼등으로 돌기를 제거한 후 4등분한다. 끝 부분 1cm 정도만 남기고 열십자로 칼집을 넣는다.

2 볼에 절임물 재료를 담고 소금이 녹을 때까지 저은 후 오이를 넣고 중간중간 위아래로 뒤집으며 1시간 정도 절인다.

3 오이 속 재료인 무, 당근, 홍고추는 곱게 채 썬다. 소금 1/2큰술을 뿌려 아래위로 버무린 후 20분 동안 절였다가 체에 밭쳐 물기를 제거한다.

tip

오이는 절이고 나서 물에 씻지 마세요. 절임물의 소금 농도가 많이 짜지 않기 때문에 그대로 담가야 더 맛이 좋아요.

4 믹서에 양념 재료 중 사과, 토마토, 마늘을 큼직하게 썰어 넣고, 다진 생강, 생수 1컵을 넣어 곱게 간다. 중간 체에 거른 후 나머지 생수 1컵도 체에 부어 다시 한 번 거른다. 소금과 설탕을 넣어 간을 맞춘다. 기호에 맞게 소금과 설탕은 적당히 가감한다.

5 2)의 절여진 오이에 3)의 속재료를 채워 용기에 담은 뒤 4)의 양념을 부어 실온에서 하루 정도 발효시킨다. 그 후 냉장고에 넣어 보관하고 5일 후부터 먹는다.

토마토가 다한 요리

초판 1쇄 발행 2020년 8월 17일
초판 3쇄 발행 2023년 4월 17일

지은이 김봉경
펴낸이 이범상

펴낸곳 (주)비전비엔피 · 이덴슬리벨
기획 편집 이경원 차재호 김승희 김연희 고연경 박성아 최유진 김태은 박승연 박다정
디자인 최원영 한우리 이설
사진 도트스튜디오 방문수
푸드 스타일링 101 recipe 김가영
마케팅 이성호 이병준
전자책 김성화 김희정
관리 이다정

주소 우)04034 서울특별시 마포구 잔다리로7길 12 1F
전화 02)338-2411 | **팩스** 02)338-2413
홈페이지 www.visionbp.co.kr
이메일 visioncorea@naver.com
원고투고 editor@visionbp.co.kr
인스타그램 www.instagram.com/visionbnp
포스트 post.naver.com/visioncorea

등록번호 제2009-000096호

ISBN 979-11-88053-91-9 13590

• 값은 뒤표지에 있습니다.
• 파본이나 잘못된 책은 구입처에서 교환해 드립니다.

도서에 대한 소식과 콘텐츠를
받아보고 싶으신가요?